LE

RÈGNE VÉGÉTAL

ATLAS ICONOGRAPHIQUE

ANÉMONE SYLVIE

Anemone nemorosa (Linné)

(RENONCULACÉES–ANÉMONÉES.)

———

La plante entière, avec des fleurs à divers degrés de développement, de grandeur naturelle.

1. — Fruit, de grandeur naturelle.

2. — Un carpelle, isolé et grossi.

(Voir page 4.)

ANÉMONE SYLVIE

Anemone nemorosa L.

RENONCULE GRANDE-DOUVE

Ranunculus lingua (Linné)

(RENONCULACÉES-RENONCULÉES.)

———

La plante entière, en fleurs et en fruits, au $\frac{1}{3}$ de grandeur naturelle.

1. — Fruit mûr, de grandeur naturelle.

2. — Un carpelle, isolé et grossi.

(Voir page 6.)

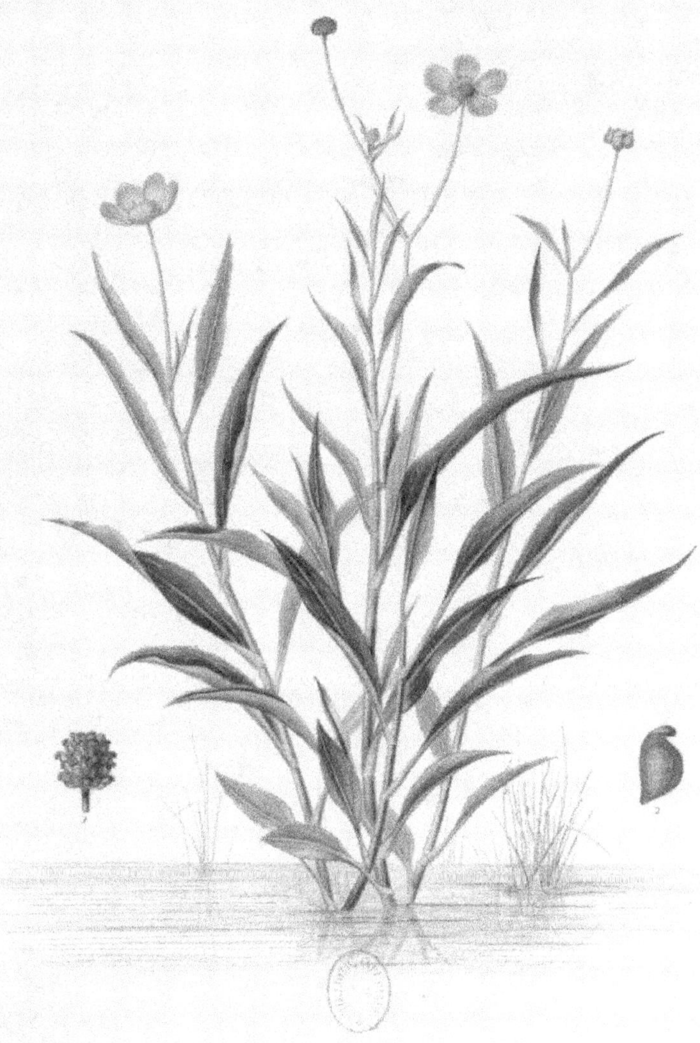

RENONCULE GRANDE-DOUVE
Ranunculus lingua. L.

ELLÉBORE FÉTIDE

Helleborus fœtidus (Linné)

(RENONCULACÉES—HELLÉBORÉES.)

La plante entière, avec des fleurs à divers degrés de développement, au $^1/_6$ de grandeur naturelle.

(Voir page 9.)

ELLÉBORE FÉTIDE.
Helleborus fœtidus.

ACONIT TUE-LOUP

Aconitum lycoctonum (Linné)

(RENONCULACÉES-HELLÉBORÉES.)

La plante entière, en fleurs, au $^1/_5$ de grandeur naturelle.

1. — Fruit mûr, de grandeur naturelle.

2. — Graine isolée, très-grossie.

3. — Racine, réduite.

(Voir page 18.)

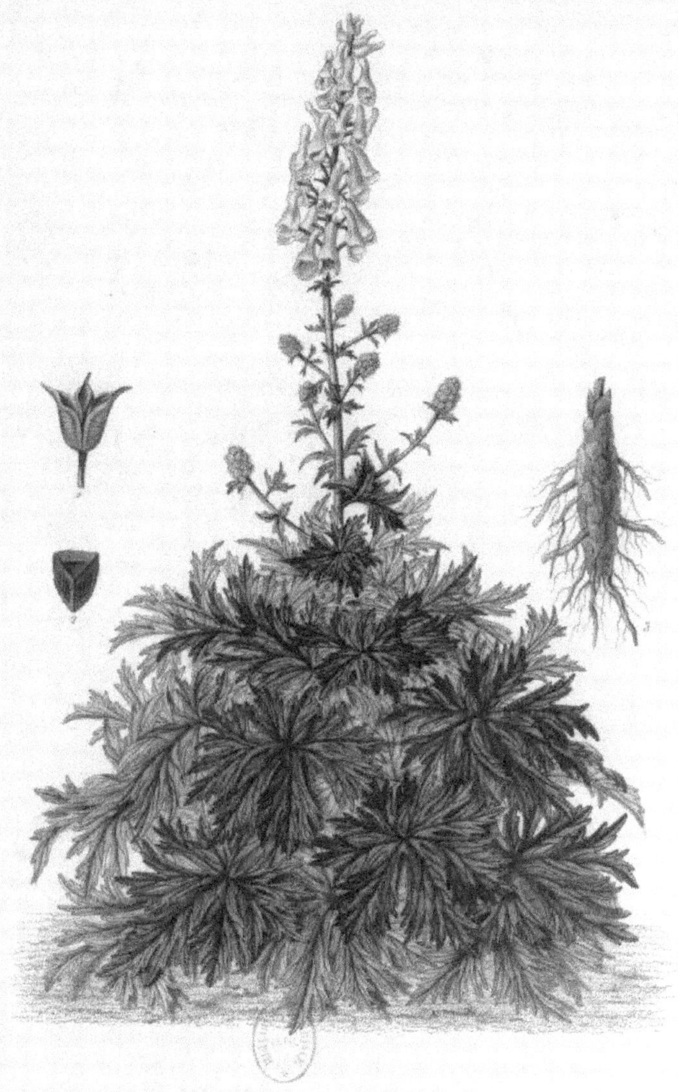

ACONIT TUE-LOUP.

Aconitum lycoctonum L.

COLZA

Brassica campestris (Linné)

(CRUCIFÈRES-SILIQUEUSES.)

La plante entière, en fleurs et en fruits, au $\frac{1}{3}$ de grandeur naturelle.

1. — Fruit mûr, de grandeur naturelle.

2. — Le même, coupé transversalement.

3. — Le même, après sa déhiscence, laissant voir les graines, de
grandeur naturelle.

(Voir page 32.)

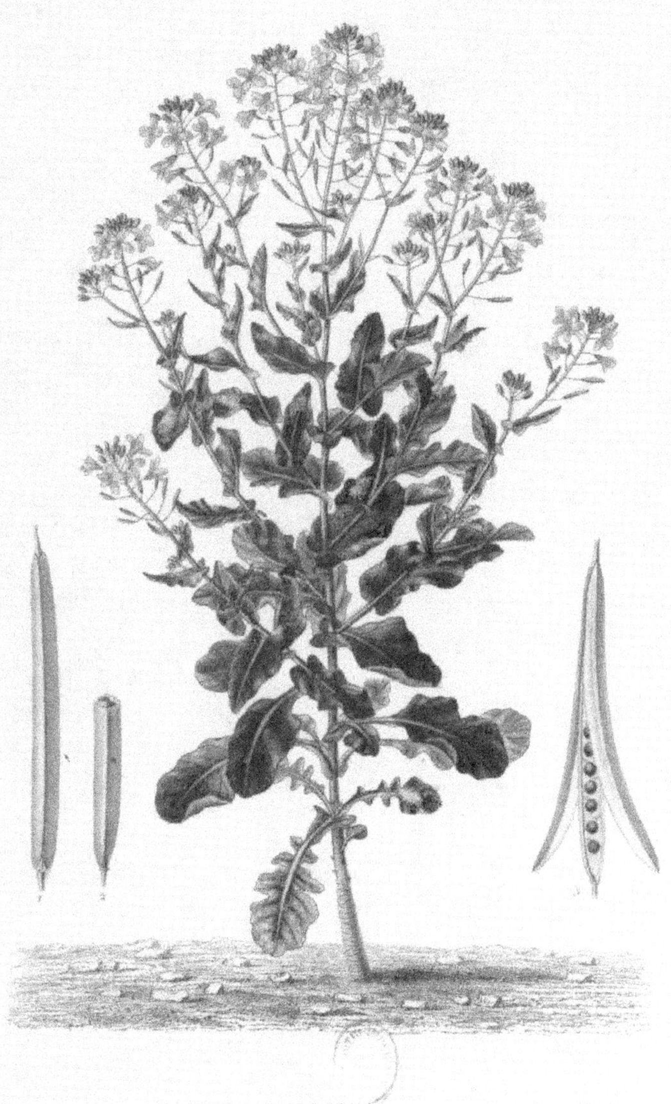

COLZA.

Brassica campestris L.

CAMELINE CULTIVÉE

Camelina sativa (Crantz)

(CRUCIFÈRES–SILICULEUSES.)

La plante entière, en fleurs et en fruits, au $^1/_4$ de grandeur naturelle

1. — Fleur isolée, très-grossie.

2. — Fruit mûr, de grandeur naturelle.

3. — Cloison, placenta et graines, de grandeur naturelle.

(Voir page 42.)

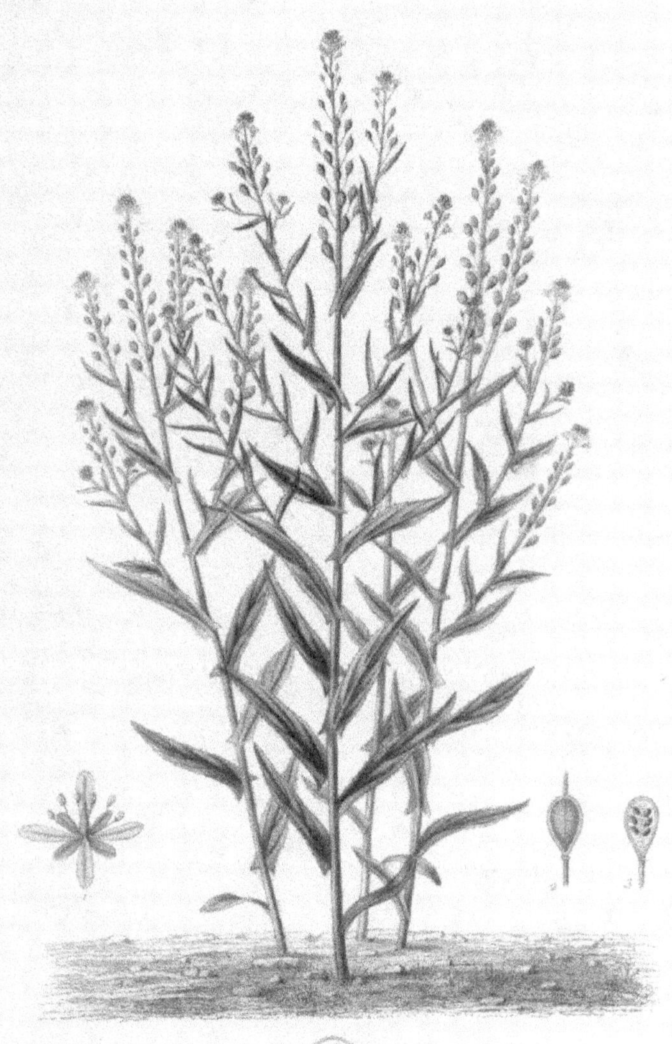

CAMELINE CULTIVÉE.
Camelina sativa, Crantz.

PASTEL DES TEINTURIERS

Isatis tinctoria (Linné)

(CRUCIFÈRES-SILICULEUSES.)

———

La plante entière, en fleurs et en fruits, au $^1/_6$ de grandeur naturelle.

1. — Fleur isolée, très-grossie.

2. — Fruit mûr, grossi.

3. — Le même, ouvert et montrant la graine.

4. — Graine, très-grossie.

(Voir page 45.)

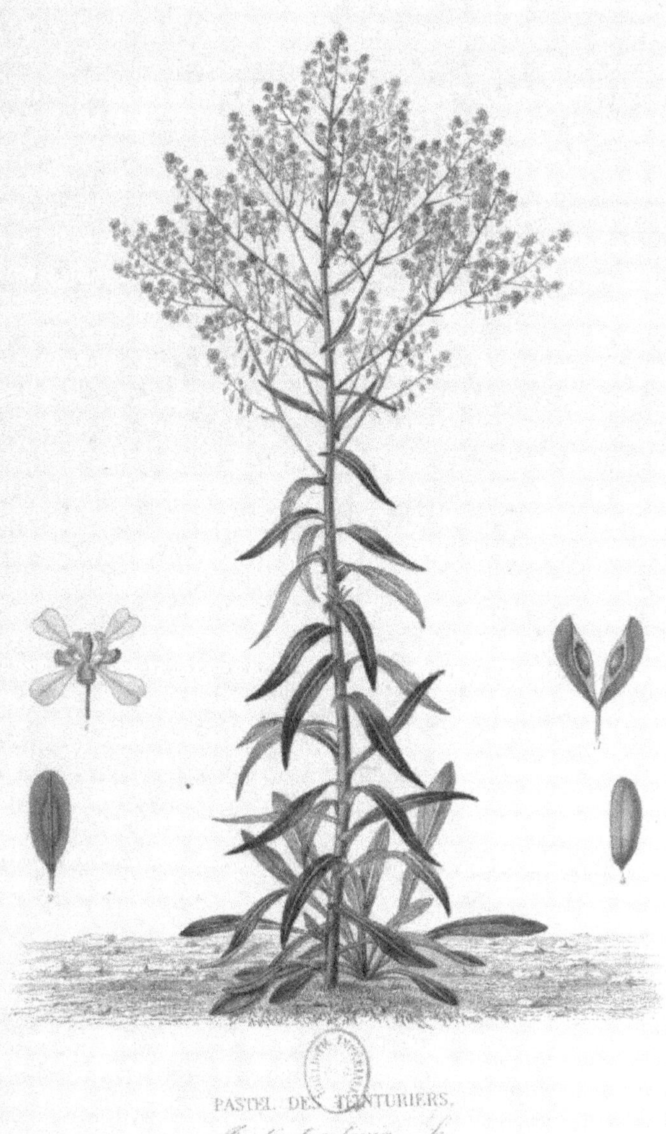

PASTEL DES TEINTURIERS.

Isatis tinctoria, L.

BUNIAS DU LEVANT

Bunias orientalis (Linné)

(CRUCIFÈRES—SILICULEUSES.)

La plante entière, en fleurs et en fruits, au $^1/_5$ de grandeur naturelle.

1. — Fleur, très-grossie.

2. — Fruit, très-grossi.

3. — Graine, très-grossie.

1ᵃ. — Fleur du *Bunias Erucago*, très-grossie.

2ᵃ. — Fruit, très-grossi.

3ᵃ. — Graine, très-grossie.

(Voir page 46.)

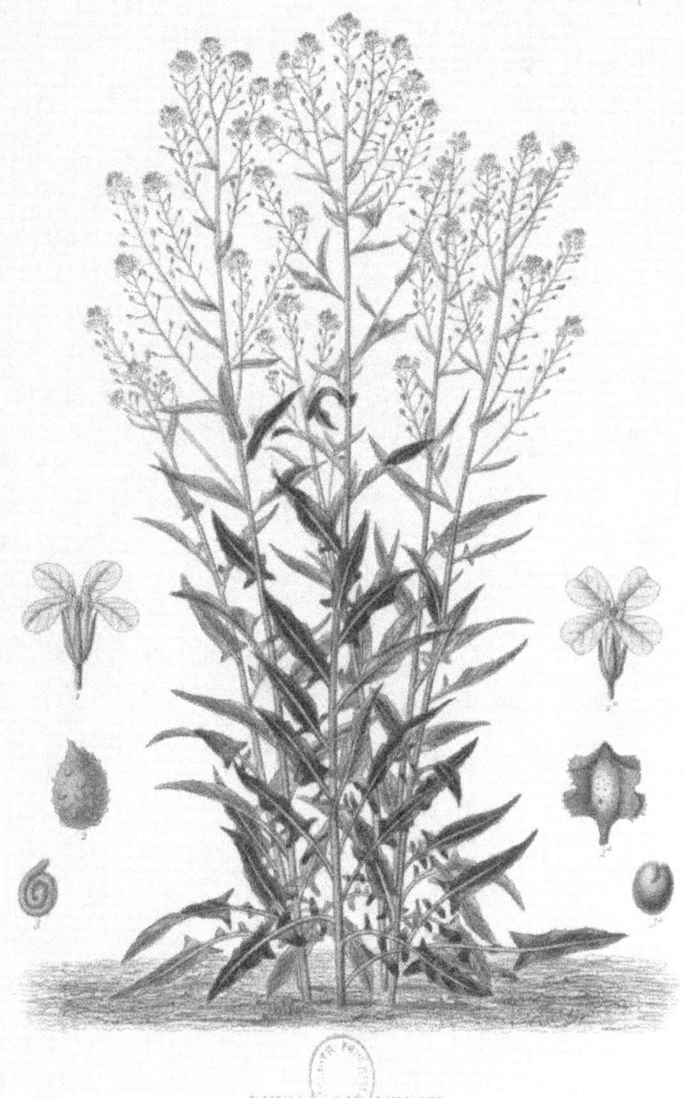

BUNIAS DU LEVANT.

Bunias orientalis. Lin.

CAPRIER

Capparis spinosa (Linné)

(CAPPARIDÉES.)

L'arbrisseau entier, avec des fleurs à divers degrés de développement, au $^1/_{12}$ de grandeur naturelle.

(Voir page 47.)

CÂPRIER.

Capparis spinosa. L.

GAUDE

Reseda luteola (Linné)

(RÉSÉDACÉES.)

La plante entière, en fleurs et en fruits, au $^1/_5$ de grandeur naturelle.

1. — Fleur isolée, très-grossie.

2. — Fruit mûr, très-grossi.

3. — Graine, très-grossie.

(Voir page 53.)

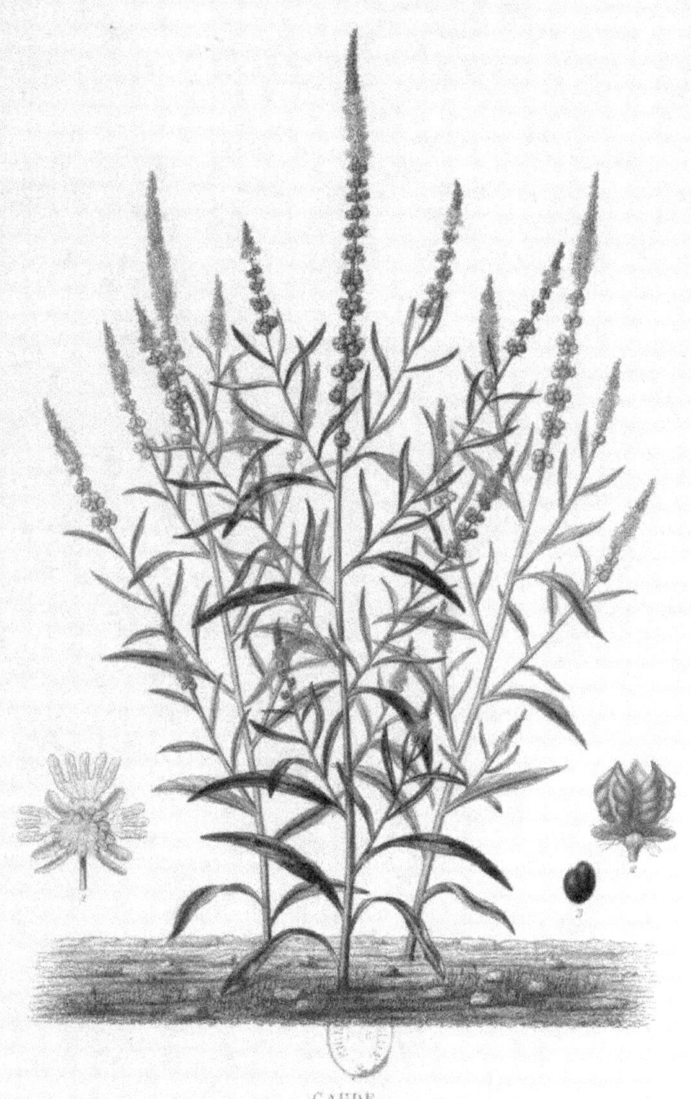

GAUDE.

Reseda luteola L.

SAPONAIRE DES VACHES

Saponaria vaccaria (Linné). *Vaccaria sessilifolia* (Medikus)

(CARYOPHYLLÉES-DIANTHÉES.)

La plante entière, en fleurs, au $^1/_8$ de grandeur naturelle.

1. — Fruit mûr, de grandeur naturelle.

2. — Le même, dépouillé de son calice.

3. — Graines, de grandeur naturelle.

4. — Les mêmes, grossies.

(Voir page 60.)

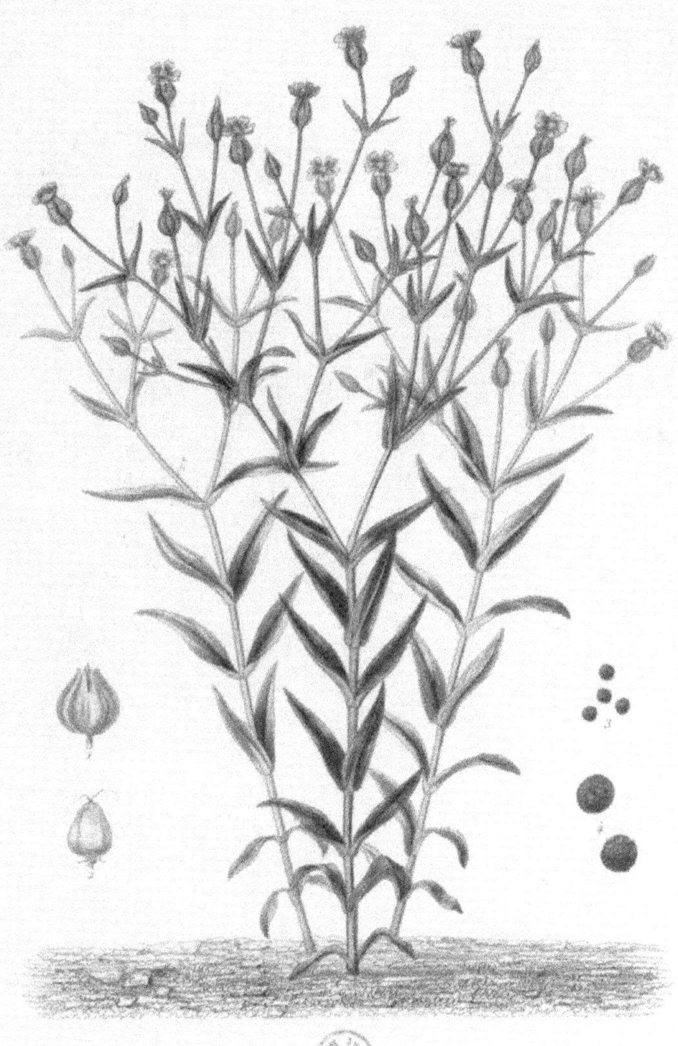

SAPONAIRE DES VACHES.
Saponaria vaccifolia. Med.

NIELLE DES BLÉS

Lychnis Githago (Lamark). *Githago segetum* (Desfontaines)

(CARYOPHYLLÉES-DIANTHÉES.)

La plante entière, en fleurs, au $^1/_5$ de grandeur naturelle.

1. — Fruit mûr, de grandeur naturelle.

2. — Le même, coupé transversalement.

3. — Graine, très-grossie.

(Voir page 61.)

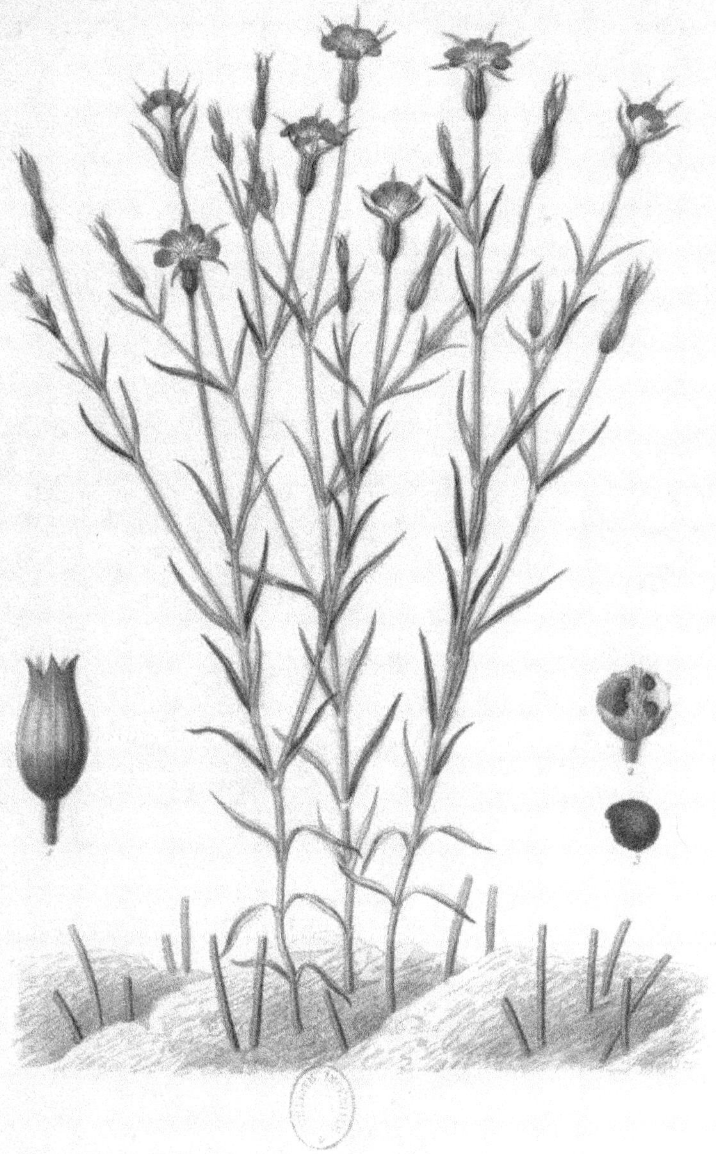

NIELLE DES BLÉS.
Githago segetum Desf.

SPERGULE DES CHAMPS

Spergula arvensis (Linné)

(CARYOPHYLLÉES–ALSINÉES.)

———

La plante entière, en fleurs et en fruits, de grandeur naturelle.

1. — Fruit mûr, grossi.

2. — Graines, grossies.

(Voir page 62.)

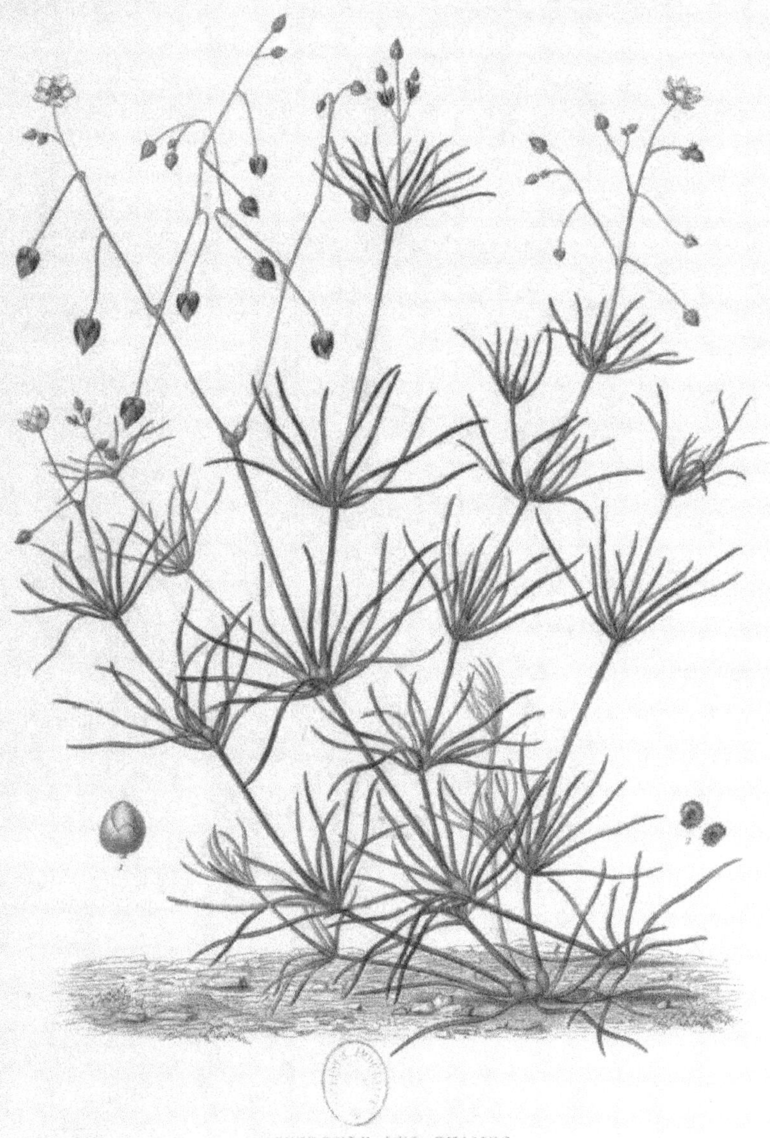

SPERGULE DES CHAMPS.

Spergula arvensis L.

COTONNIER

Gossypium arboreum (Linné)

(MALVACÉES).

Le végétal entier, avec des fleurs et des fruits à divers degrés de développement, au $^1/_{10}$ de grandeur naturelle.

(Voir page 69.)

COTONNIER.

Gossypium arboreum L.

ÉRABLE SYCOMORE

Acer pseudo-platanus (Linné)

(ACÉRINÉES.)

L'arbre entier, en fruits, au $\frac{1}{20}$ de grandeur naturelle.

1. — Portion d'inflorescence, de grandeur naturelle.

2. — Fleur hermaphrodite, grossie.

3. — Fleur mâle, grossie.

4. — Fruit, aux $\frac{2}{3}$ de grandeur naturelle.

5. — Graine, de grandeur naturelle.

(Voir page 78.)

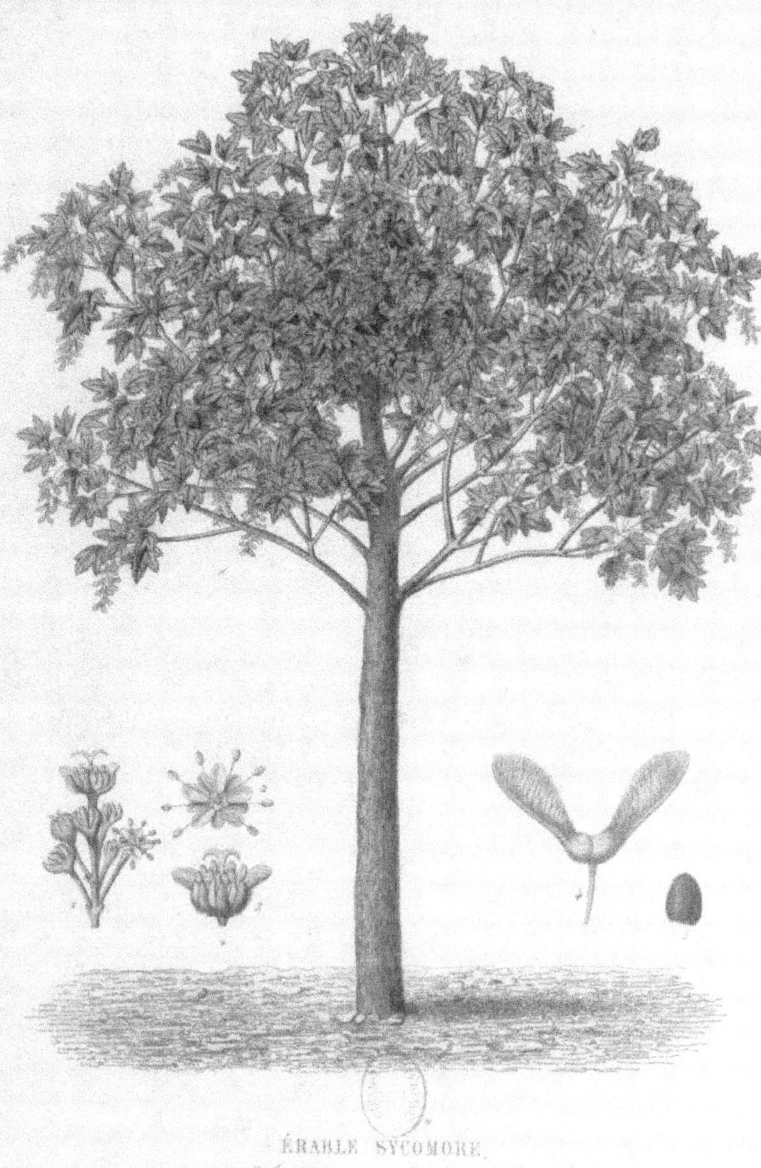

ÉRABLE SYCOMORE.
Acer pseudo-platanus, L.

LIN CULTIVÉ

Linum usitatissimum (Linné)

(LINACÉES.)

La plante entière, en fleurs et en fruits, au $^1/_8$ de grandeur naturelle.

1. — Fruit mûr, de grandeur naturelle.

2. — Le même, coupé longitudinalement.

3. — Le même, coupé transversalement.

4. — Graines, de grandeur naturelle.

(Voir page 95.)

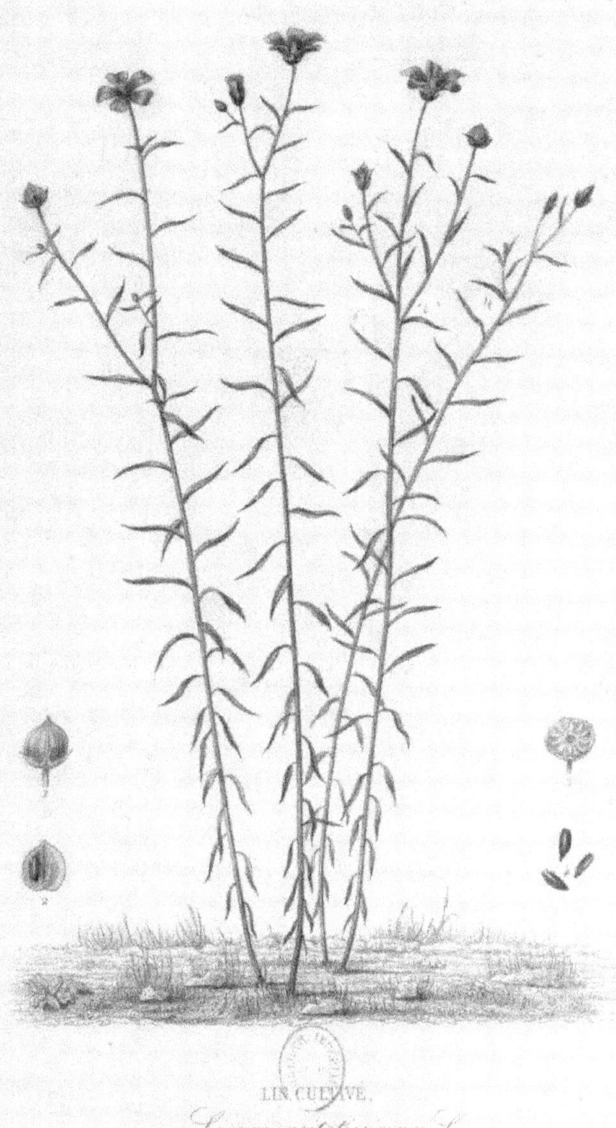

LIN CULTIVÉ.

Linum usitatissimum. L.

TRÈFLE INCARNAT

Trifolium incarnatum (Linné)

(LÉGUMINEUSES-LOTÉES.)

La plante entière, en fleurs, moitié de grandeur naturelle.

1. — Fleur isolée, de grandeur naturelle.

2. — Calice fructifère, de grandeur naturelle.

3. — Graines, de grandeur naturelle.

(Voir page 127.)

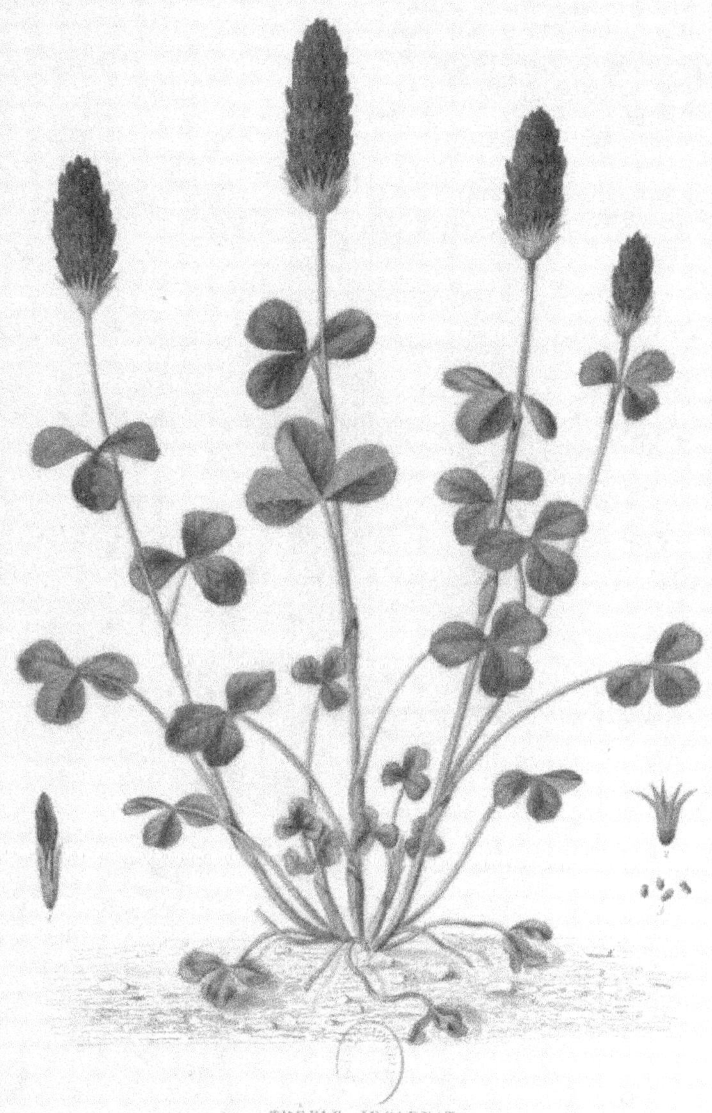

TRÈFLE INCARNAT.
Trifolium incarnatum L.

ARACHIDE

Arachis hypogæa (Linné)

(LÉGUMINEUSES-HÉDYSARÉES.)

———

La plante entière, en fleurs et en fruits, aux $\frac{2}{3}$ de grandeur naturelle.

1. — Fruit mûr, de grandeur naturelle.

2. — Le même, ouvert et laissant voir les graines.

(Voir page 144.)

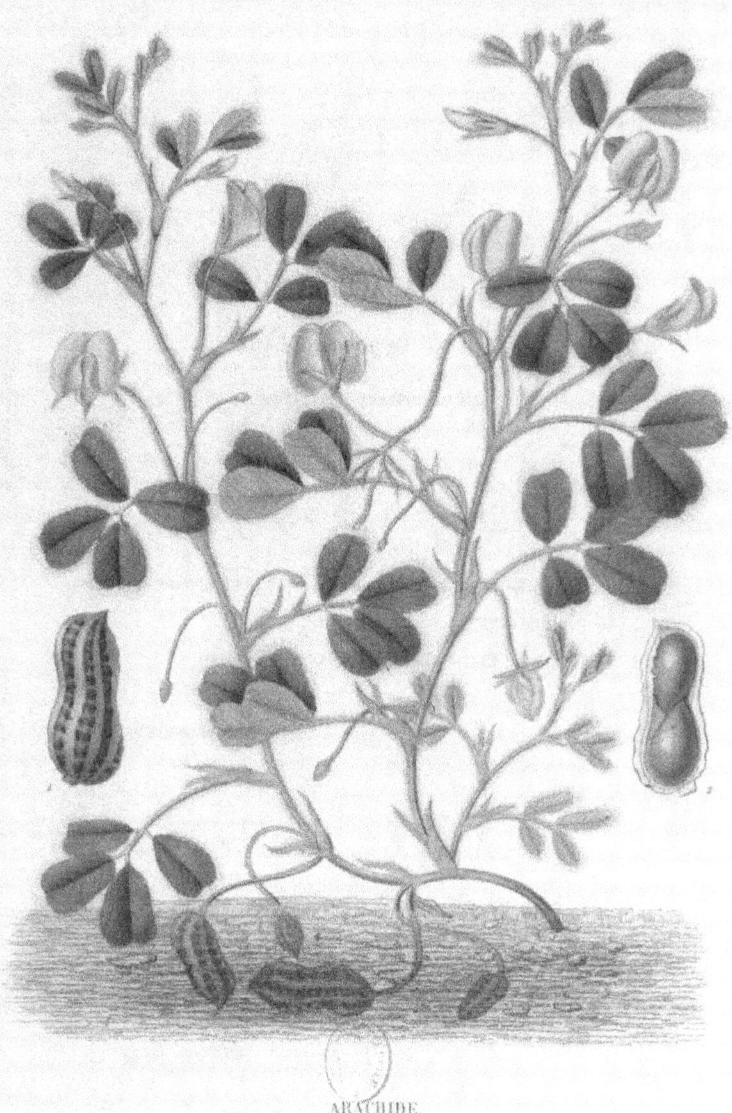

ARACHIDE.

Arachis hypogaea, L.

FÉVIER A TROIS ÉPINES

Gleditschia triacanthos (Linné)

(LÉGUMINEUSES–CÉSALPINÉES.)

L'arbre entier, en fruits, au $^1/_{50}$ de grandeur naturelle.

1. — Foliole, de grandeur naturelle.

2. — Inflorescence mâle, de grandeur naturelle.

3. — Fleur mâle, grossie.

4. — Inflorescence hermaphrodite, de grandeur naturelle.

5. — Fleur hermaphrodite, grossie.

6. — Fruit mûr, de grandeur naturelle.

7. — Le même, coupé transversalement.

8. — Graine, de grandeur naturelle.

(Voir page 151.)

FÉVIER À TROIS ÉPINES

Gleditschia triacanthos. L.

SORBIER DES OISELEURS

Pyrus aucuparia (Gaertner). *Sorbus aucuparia* (Linné)

(ROSACÉES-POMACÉES.)

L'arbre entier, en fruits, au $^1/_{30}$ de grandeur naturelle.

1. — Folioles, aux $^2/_3$ de grandeur naturelle.

2. — Fleur, de grandeur naturelle.

3. — Fruit, de grandeur naturelle.

4. — Le même, coupé transversalement.

5. — Le même, coupé longitudinalement.

6. — Graines, de grandeur naturelle.

(Voir page 158.)

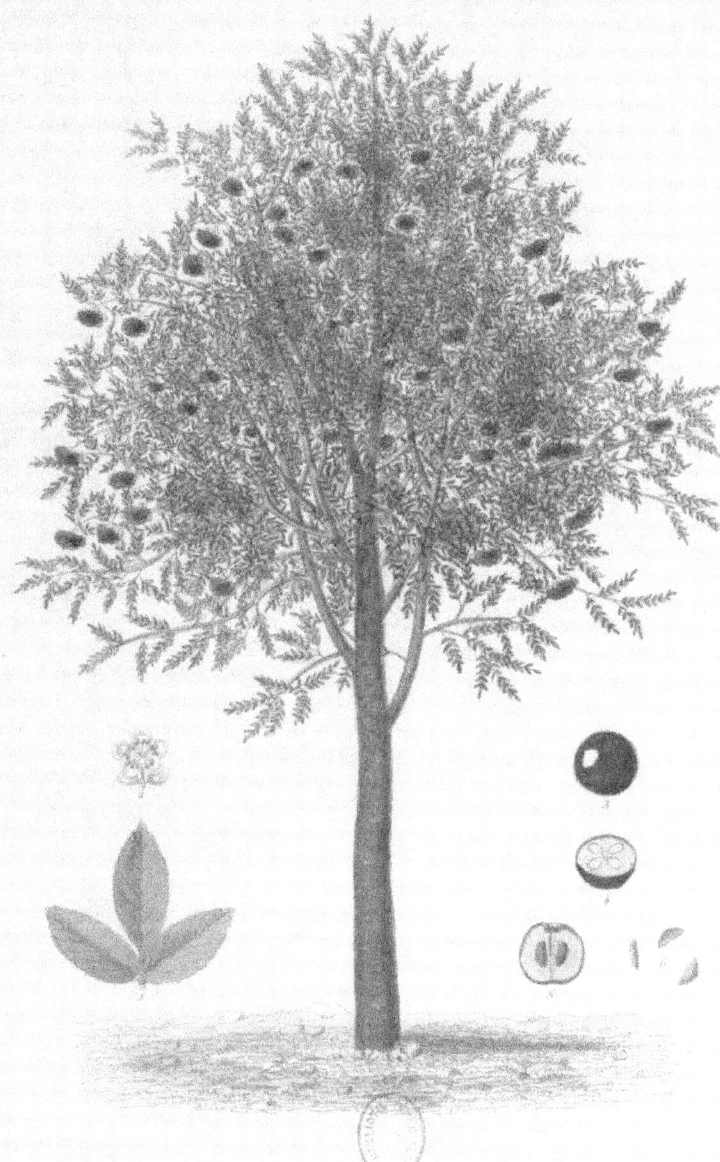

SORBIER DES OISELEURS.

Sorbus aucuparia. L.

AMANDIER COMMUN

Amygdalus communis (Linné)

(ROSACÉES–AMYGDALÉES.)

L'arbre entier, en fruits, au $\frac{1}{25}$ de grandeur naturelle.

1. — Rameau à fleurs, moitié de grandeur naturelle.

2. — Fruit, moitié de grandeur naturelle.

3. — Le même, ouvert, et laissant voir le noyau.

4. — Noyau ouvert, et laissant voir l'amande.

5. — Jeune feuille, moitié de grandeur naturelle.

(Voir page 173.)

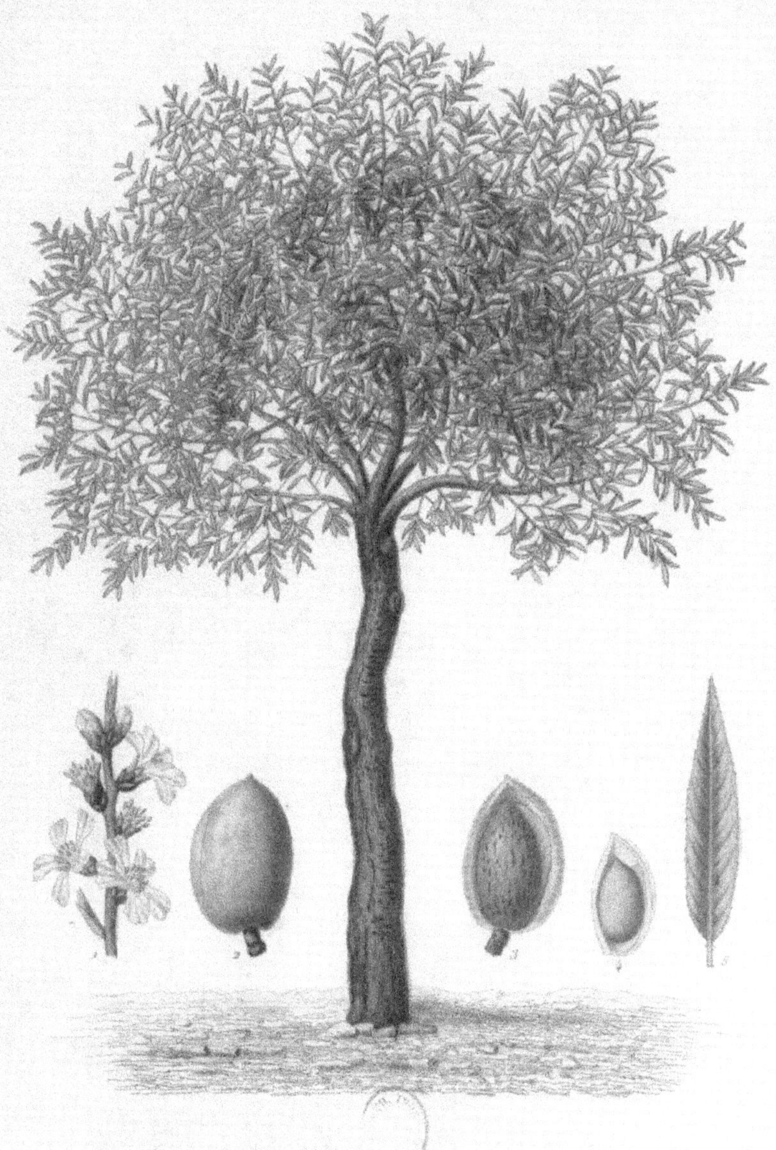

AMANDIER COMMUN,
Amygdalus communis, L.

MACRE

Trapa natans (Linné)

(HALORAGÉES.)

La plante entière, en fleurs, moitié de grandeur naturelle.

1. — Fleur et bouton, de grandeur naturelle.

2. — Fruit mûr, moitié de grandeur naturelle.

3. — Amande, moitié de grandeur naturelle.

(Voir page 183.)

MÂCRE.

Trapa natans. L.

CACTUS A COCHENILLES

Cactus coccinellifer (Linné). *Opuntia pubescens* (Miller)

(CACTÉES.)

La plante entière, en fleurs et en fruits, au $^1/_{12}$ de grandeur naturelle.

1. — Fruit mûr, moitié de grandeur naturelle.

2. — Le même, coupé longitudinalement.

(Voir page 188.)

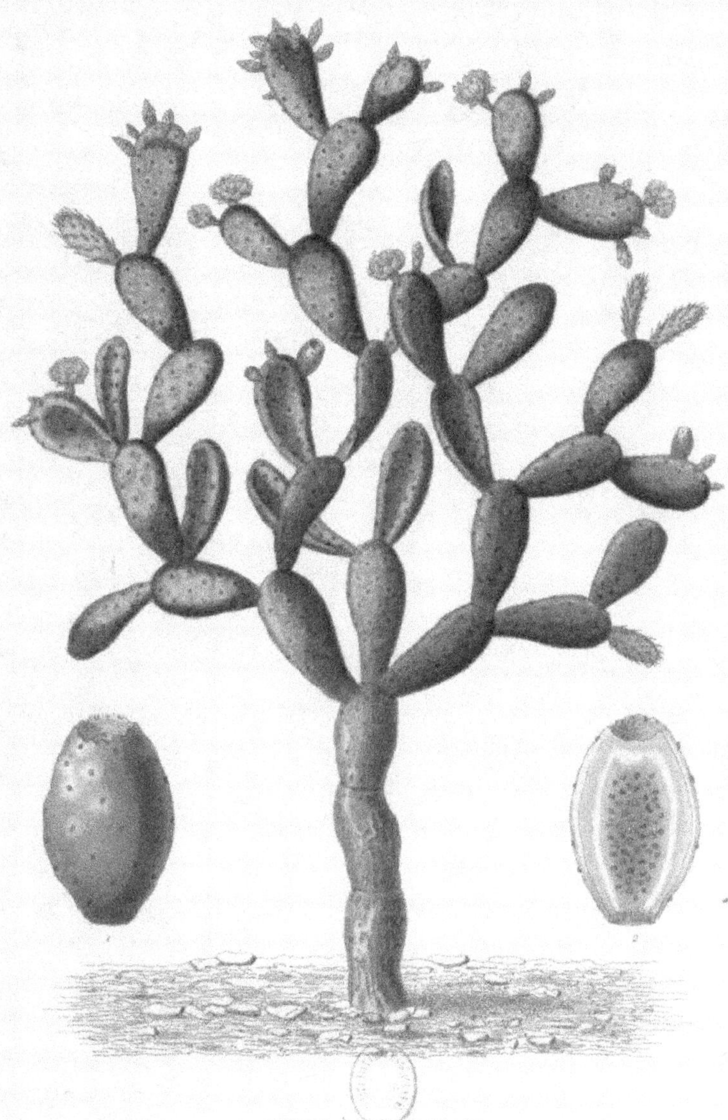

CACTUS À COCHENILLES.
Cactus coccinellifer. L.

Mixbert pinx.   Oudet sc.

ANGÉLIQUE

Archangelica officinalis (Hoffmann)

(OMBELLIFÈRES-ANGÉLICÉES.)

La plante entière, en fleurs et en fruits, au $\frac{1}{6}$ de grandeur naturelle.

1. — Fleur, très-grossie.

2. — Jeune fruit, de grandeur naturelle.

3. — Fruit mûr, de grandeur naturelle.

4. — Graine isolée, de grandeur naturelle.

5. — Racine, réduite.

(Voir page 196.)

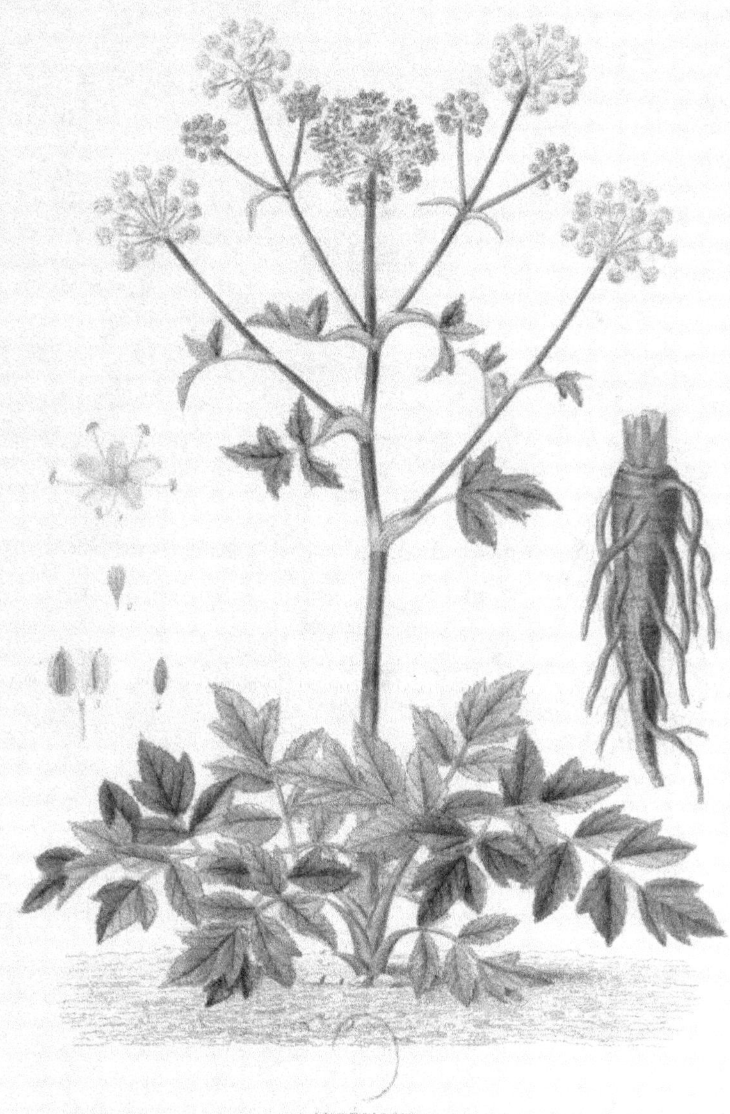

ANGÉLIQUE.

Archangelica officinalis, Hoff.

BERCE BRANC-URSINE

Heracleum sphondylium (Linné)

(OMBELLIFÈRES-PEUCÉDANÉES.)

La plante entière, en fleurs et en fruits, au $\frac{1}{5}$ de grandeur naturelle.

1. — Fleur centrale, régulière, grossie.

2. — Fleur marginale, irrégulière.

3. — Jeune fruit, de grandeur naturelle.

4. — Fruit mûr, de grandeur naturelle.

5. — Graine, de grandeur naturelle.

6. — Racine, réduite.

(Voir page 196.)

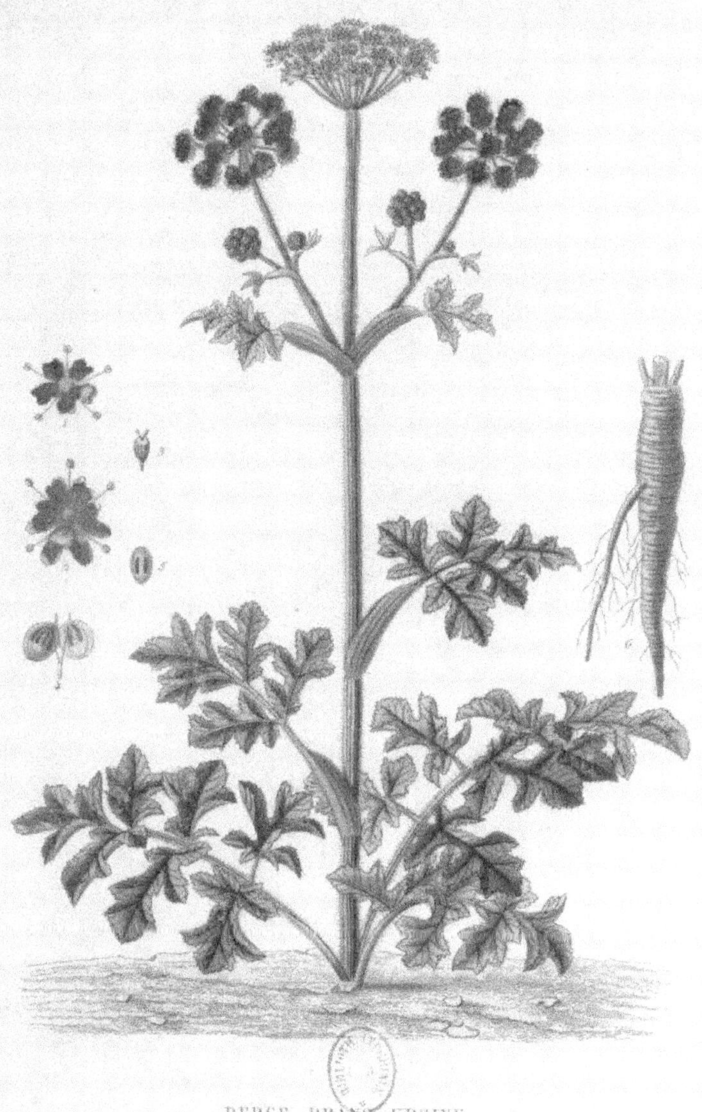

BERCE BRANC-URSINE.

Heracleum sphondylium, L.

GARANCE

Rubia tinctorum (Linné)

(RUBIACÉES–ASPÉRULÉES.)

La plante entière, en fleurs et en fruits, au $^1/_9$ de grandeur naturelle.

1. — Portion d'inflorescence, de grandeur naturelle.

2. — Fleur, grossie.

3. — Fruit, de grandeur naturelle.

4. — Graine, de grandeur naturelle.

5. — Portion de tige, de grandeur naturelle.

6. — Feuille, vue par dessous, de grandeur naturelle.

7. — Portion de rhizome, de grandeur naturelle.

(Voir page 209.)

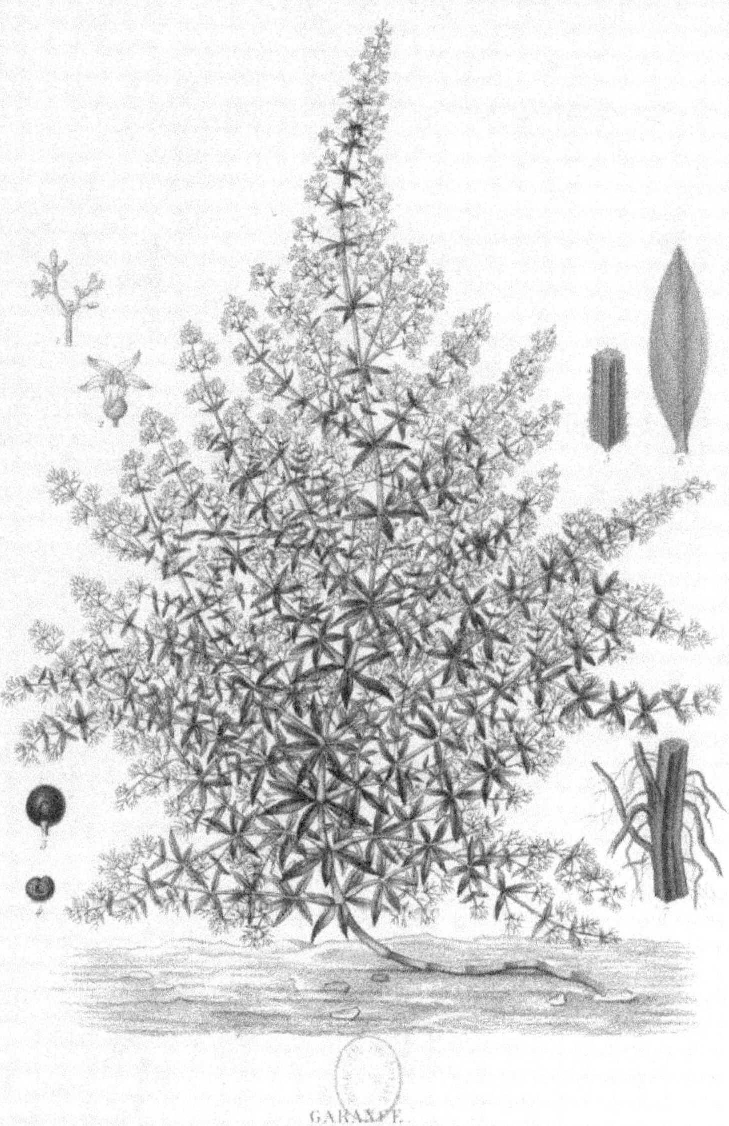

GARANCE.

Rubia tinctorum. L.

CARTHAME DES TEINTURIERS

Carthamus tinctorius (Linné)

(COMPOSÉES–CARDUACÉES.)

La plante entière, en fleurs, au $^1/_5$ de grandeur naturelle.

1. — Fleur isolée, très-grossie.

2. — Graine, très-grossie, vue de face.

3. — La même, vue de profil.

(Voir page 224.)

CARTHAME DES TEINTURIERS.

Carthamus tinctorius, L.

TOPINAMBOUR

Helianthus tuberosus (Linné)

(COMPOSÉES—CORYMBIFÈRES.)

———

La plante entière, en fleurs, au $^1/_{10}$ de grandeur naturelle.

1. — Tubercule, réduit.

2. — Graines, de grandeur naturelle.

3. — Graine, grossie.

4. — La même, coupée transversalement.

(Voir page 232.)

TOPINAMBOUR.

Helianthus tuberosus, L.

FRÉNE

Fraxinus excelsior (Linné)

(OLEINÉES-FRAXINÉES.)

L'arbre entier, en fruits, au $^1/_{60}$ de grandeur naturelle.

1. — Foliole, moitié de grandeur naturelle.

2. — Portion d'inflorescence mâle, de grandeur naturelle.

3. — Fleur mâle, grossie.

4. — Portion d'inflorescence polygame, de grandeur naturelle.

5. — Fleur hermaphrodite, grossie.

6. — Portion d'inflorescence femelle, de grandeur naturelle.

7. — Fleur femelle, grossie.

8. — Fruit ouvert et graine, de grandeur naturelle.

(Voir page 243.)

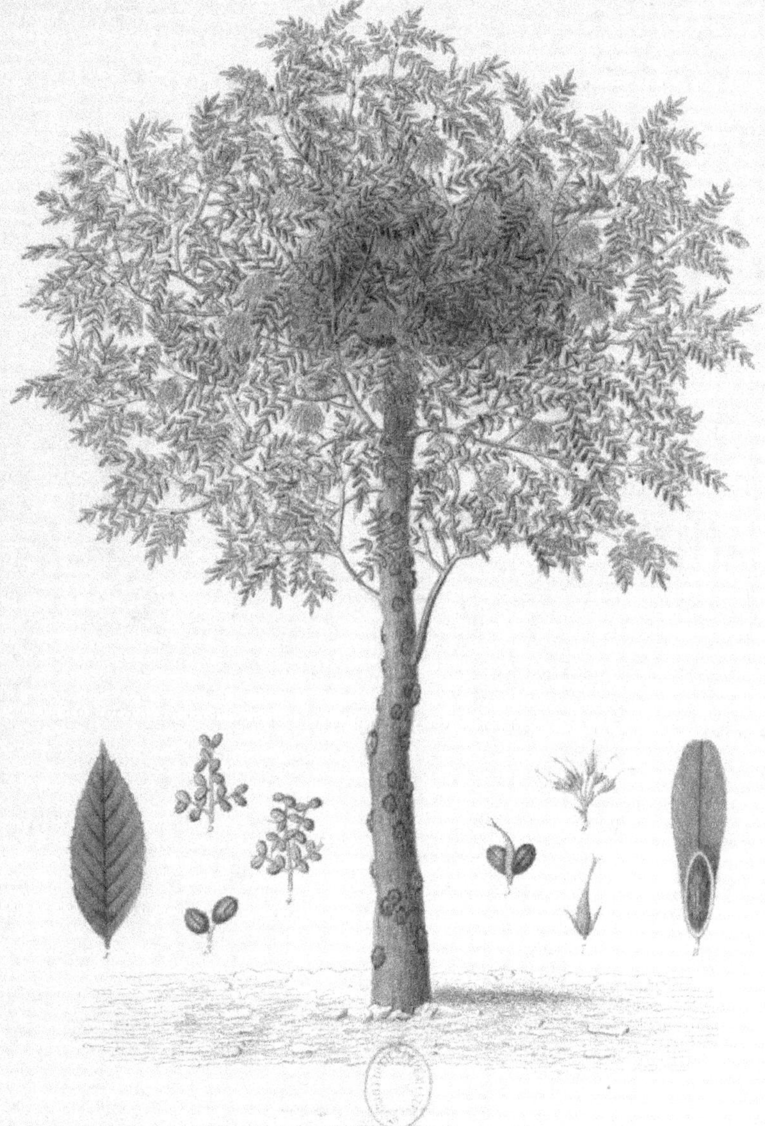

FRÊNE.

Fraxinus excelsior, L.

OLIVIER

Olea Europæa (Linné)

(OLÉINÉES–OLÉÉES.

L'arbre entier, en fruits, au $^1/_{20}$ de grandeur naturelle.

1. — Portion d'inflorescence, de grandeur naturelle.

2. — Fleur isolée, grossie.

3. — Fruit, de grandeur naturelle.

4. — Noyau, de grandeur naturelle.

(Voir page 248.)

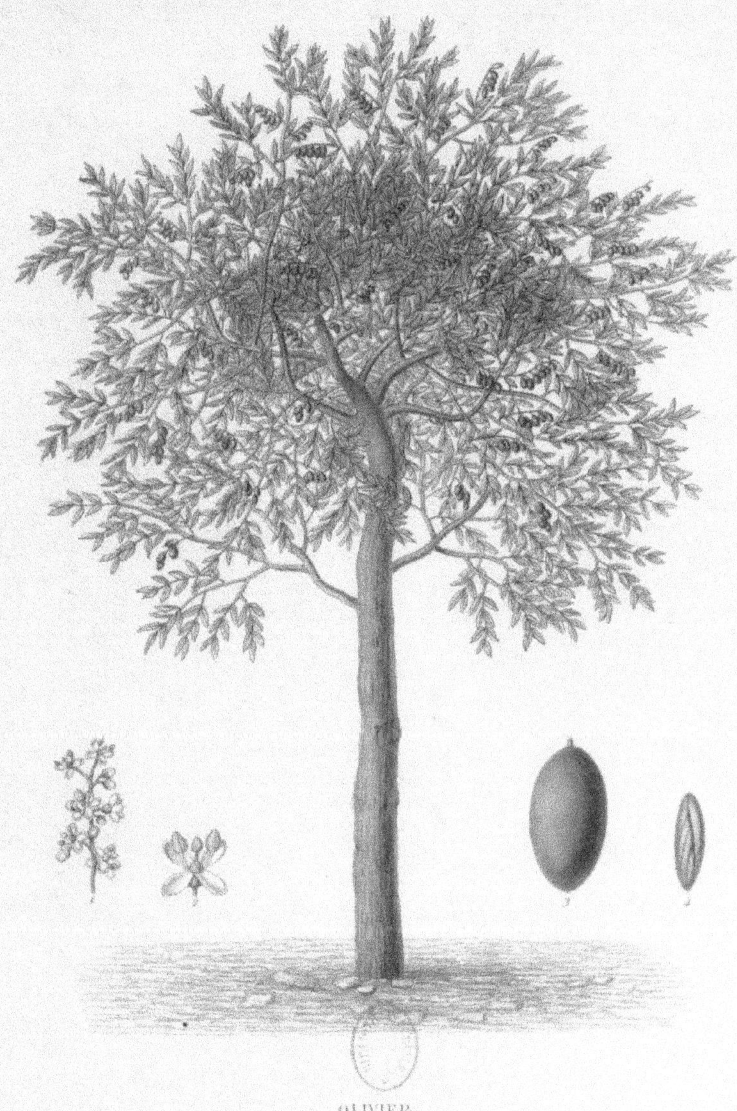

OLIVIER.

Olea Europæa, L.

CUSCUTE

Cuscuta Europæa (Linné)

(CONVOLYULACÉES-CONVOLVULÉES.)

La plante entière, en fleurs, au $^1/_4$ de grandeur naturelle.

1. — Extrémité d'un rameau, de grandeur naturelle.

2. — Portion de tige, munie de ses suçoirs.

3. — Inflorescence, de grandeur naturelle.

4. — Fleur isolée, grossie.

5. — Fruit mûr, grossi.

6. — Graine, grossie.

(Voir page 258.)

CUSCUTE.

Cuscuta Europaea, L.

Maubert pinx.

TABAC

Nicotiana tabacum (Linné)

(SOLANÉES-DATURÉES.)

La plante entière, en fleurs, au $\frac{1}{16}$ de grandeur naturelle.

1. — Fleur, aux $\frac{2}{3}$ de grandeur naturelle.

2. — Fruit mûr, aux $\frac{2}{3}$ de grandeur naturelle.

3. — Graines, de grandeur naturelle.

4. — Les mêmes, grossies.

5. — Fleur de tabac rustique, aux $\frac{2}{3}$ de grandeur naturelle.

6. — Fruit mûr du même, aux $\frac{2}{3}$ de grandeur naturelle.

7. — Graines, de grandeur naturelle.

8. — Les mêmes, grossies.

(Voir page 275.)

TABAC.

Nicotiana tabacum, L.

ORTIE BLANCHE

Urtica nivea (Linné)

(URTICÉES.)

———

La plante entière, en fleurs, au $\frac{1}{3}$ de grandeur naturelle.

(Voir page 318.)

ORTIE BLANCHE.

Urtica nivea, L.

Maubert pinx.

MICOCOULIER

Celtis australis (Linné)

(ULMACÉES.)

L'arbre entier, en fruits, au $\frac{1}{100}$ de grandeur naturelle.

1. — Feuille, au $\frac{1}{3}$ de grandeur naturelle.

2. — Rameau à fleurs polygames, de grandeur naturelle.

3. — Fleur mâle, grossie.

4. — Fleur hermaphrodite, grossie.

5. — Fruit mûr, de grandeur naturelle.

6. — Le même, grossi.

7. — Graine, grossie.

(Voir page 333.)

MICOCOULIER.

Celtis australis, L.

CHÊNE LIÉGE

Quercus suber (Linné)

(CUPULIFÈRES.)

L'arbre entier, en fruits, au $^1/_{30}$ de grandeur naturelle.

1. — Chatons mâles, de grandeur naturelle.

2. — Fleur mâle, très-grossie.

3. — Fleur femelle, très-grossie.

4. — Jeune fruit, enveloppé de sa cupule, de grandeur naturelle.

5. — Fruit mûr, aux $^3/_4$ de grandeur naturelle.

6. — Feuille, moitié de grandeur naturelle.

(Voir page 343.)

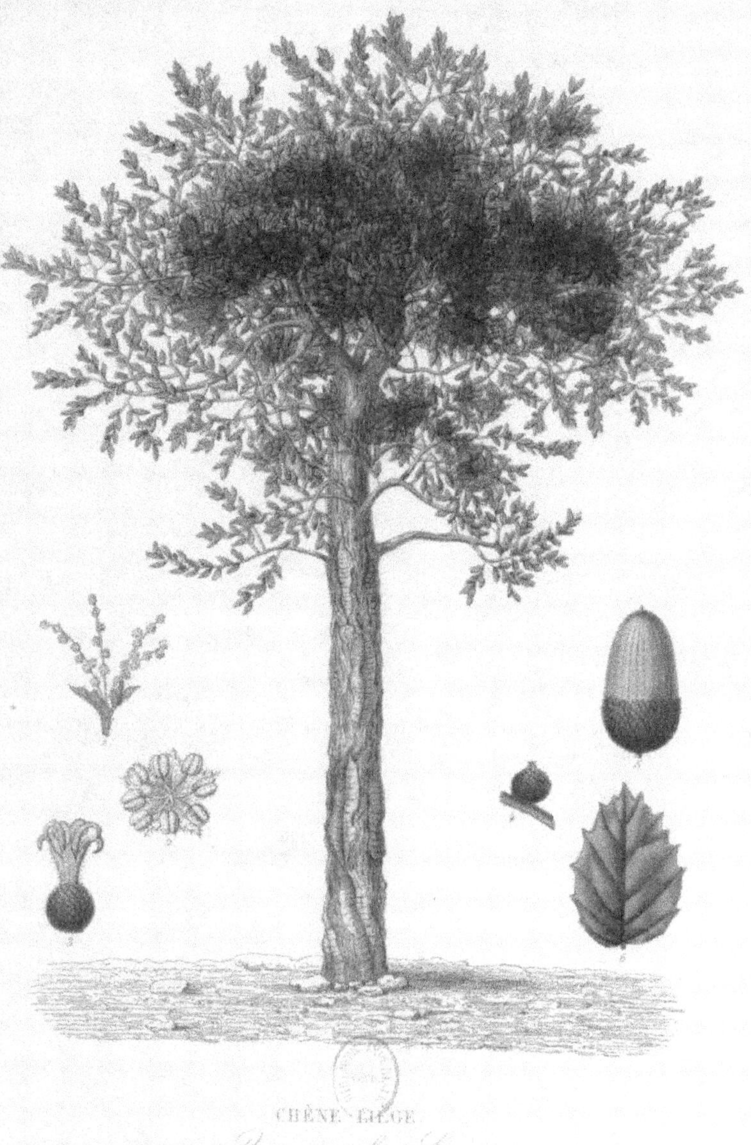

CHÊNE-LIÉGE.

Quercus suber L.

CHÂTAIGNIER

Castanea vesca (Lamark) *Fagus castanea* (Linné)

(CUPULIFÈRES.)

L'arbre entier, en fruits, au $\frac{1}{50}$ de grandeur naturelle.

1. — Feuille, au $\frac{1}{3}$ de grandeur naturelle.

2. — Chaton mâle, de grandeur naturelle.

3. — Chaton femelle, de grandeur naturelle.

4. — Fleur mâle, grossie.

5. — Fleurs femelles, grossies.

6. — Fruits et cupule, au $\frac{1}{3}$ de grandeur naturelle.

7. — Fruit mûr, moitié de grandeur naturelle.

8. — Graine, moitié de grandeur naturelle.

(Voir page 358.)

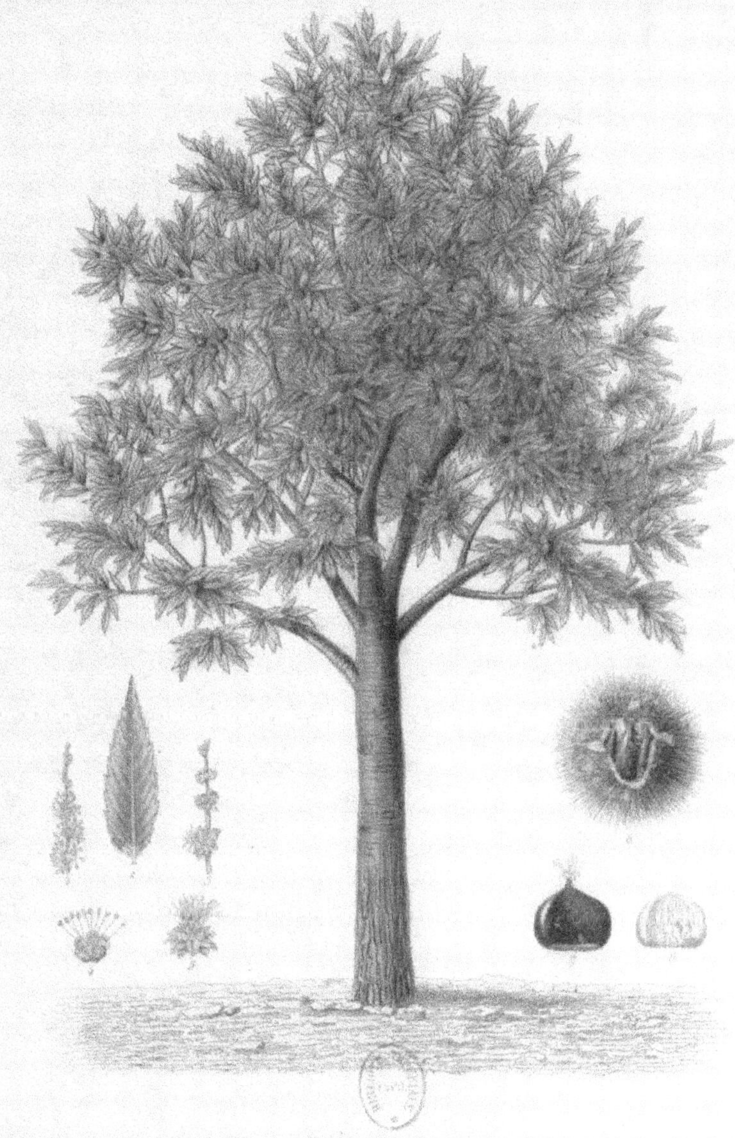

CHÂTAIGNIER

Castanea vesca Lam.

CIRIER DE PENSYLVANIE

Myrica Pensylvanica (Michaux)

(MYRICÉES.)

L'arbrisseau entier, en fruits, au $^1/_{10}$ de grandeur naturelle.

1. — Feuille, au $^1/_2$ de grandeur naturelle.

2. — Chaton mâle, de grandeur naturelle.

3. — Chaton femelle, de grandeur naturelle.

4. — Fruits, de grandeur naturelle.

5. — Fruit, à moitié dépouillé de la couche de cire.

6. — Le même, entièrement dépouillé.

7. — Noyau, de grandeur naturelle.

(Voir page 380.)

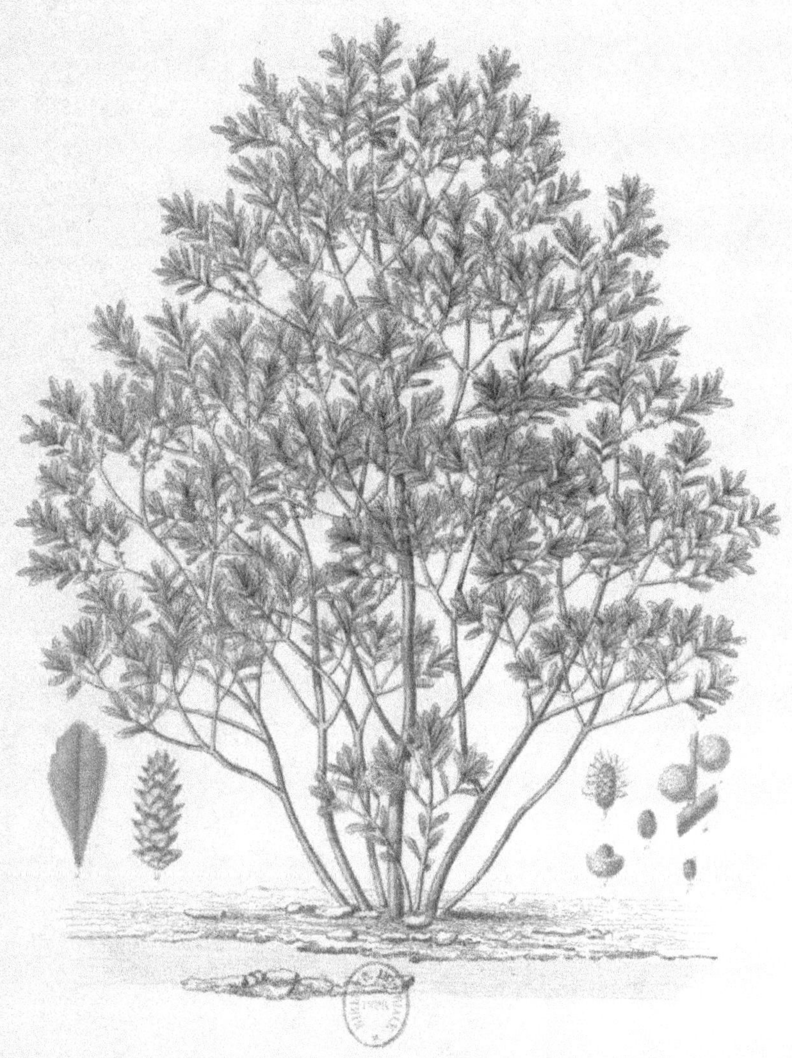

CIRIER DE PENSYLVANIE.

Myrica Pensylvanica, Mich.

PIN LARICIO

Pinus laricio (Poiret) *Pinus altissima* (Lamark)

(CONIFÈRES-ABIÉTINÉES.)

L'arbre entier, en fruits, au $^1/_{10}$ de grandeur naturelle.

1. — Chatons mâles, moitié de grandeur naturelle.

2. — Chatons femelles, moitié de grandeur naturelle.

3. — Jeune cône de l'année, moitié de grandeur naturelle.

4. — Cône mûr, moitié de grandeur naturelle.

5. — Graine ailée, moitié de grandeur naturelle.

(Voir page 391.)

PIN LARICIO.

Pinus laricio, Poiret.

ARAUCARIA IMBRIQUE

Araucaria imbricata (Ruiz et Pavon)

(CONIFÈRES—ABIÉTINÉES.)

L'arbre entier, en fruits, au $^1/_{100}$ de grandeur naturelle.

1. — Jeune chaton mâle, au $^1/_6$ de grandeur naturelle.

2. — Chaton mâle développé, au $^1/_6$ de grandeur naturelle.

3. — Cône mûr, au $^1/_{10}$ de grandeur naturelle.

4. — Graine, au $^1/_6$ de grandeur naturelle.

(Voir page 412.)

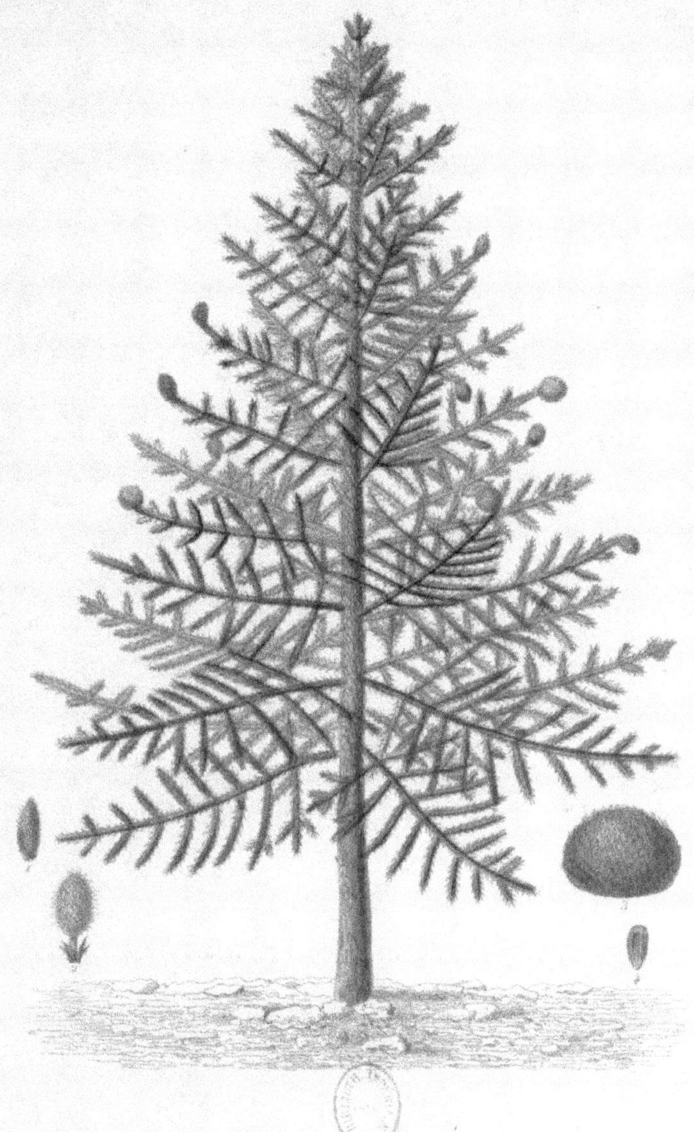

ARAUCARIA IMBRIQUÉ.
Araucaria imbricata, R. & Pav.

CYPRÈS CHAUVE

Taxodium distichum (Richard) *Cupressus disticha* (Linné)

(CONIFÈRES-CUPRESSINÉES.)

L'arbre entier, en fruits, au $^1/_{130}$ de grandeur naturelle.

1. — Chatons mâles, de grandeur naturelle.

2. — Chaton femelle, de grandeur naturelle.

3. — Fruit mûr, moitié de grandeur naturelle.

4. — Graine, grossie.

5. — La même, coupée transversalement.

(Voir page 419.)

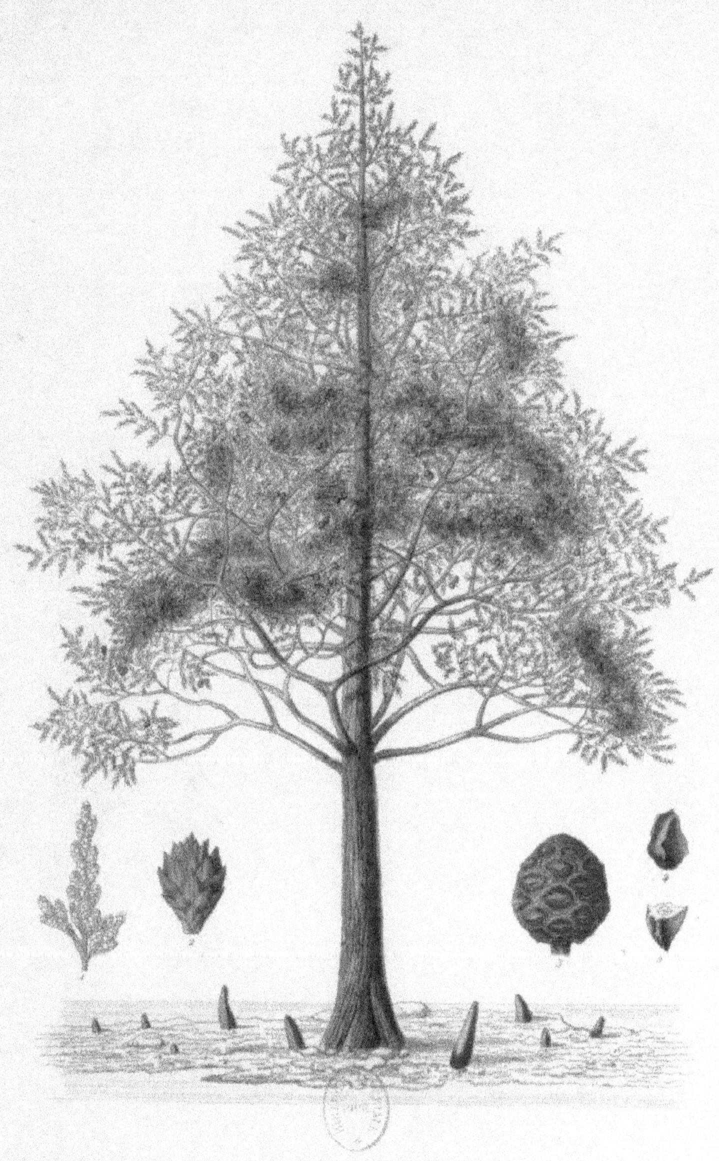

CYPRÈS CHAUVE.

Taxodium distichum, Rich.

GINGKO

Gingko biloba (Linné) *Salisburya adiantifolia* (Linné)

(CONIFÈRES-TAXINÉES.)

L'arbre entier, en fruits, au $^1/_{30}$ de grandeur naturelle.

1. — Feuille, au $^1/_2$ de grandeur naturelle.

2. — Chaton mâle, de grandeur naturelle.

3. — Fleurs femelles, de grandeur naturelle.

4. — Fruits mûrs, au $^1/_2$ de grandeur naturelle.

5. — Noyau, au $^1/_2$ de grandeur naturelle.

6. — Amande, au $^1/_2$ de grandeur naturelle.

(Voir page 426.)

GINGKO.

Gingko biloba, L.

IGNAME DE CHINE

Dioscorea batatas (Decaisne)

(DIOSCORÉES.)

La plante entière, en fleurs et en fruits, au $^1/_{12}$ de grandeur naturelle.

1. — Fleurs mâles, de grandeur naturelle.

2. — Fleurs femelles, de grandeur naturelle.

3. — Fleurs mâles, grossies.

4. — Fleurs femelles, grossies.

5. — Fruit mûr, moitié de grandeur naturelle.

6. — Le même, coupé transversalement.

7. — Graine, moitié de grandeur naturelle.

8. — Racine, très-réduite.

(Voir page 439.)

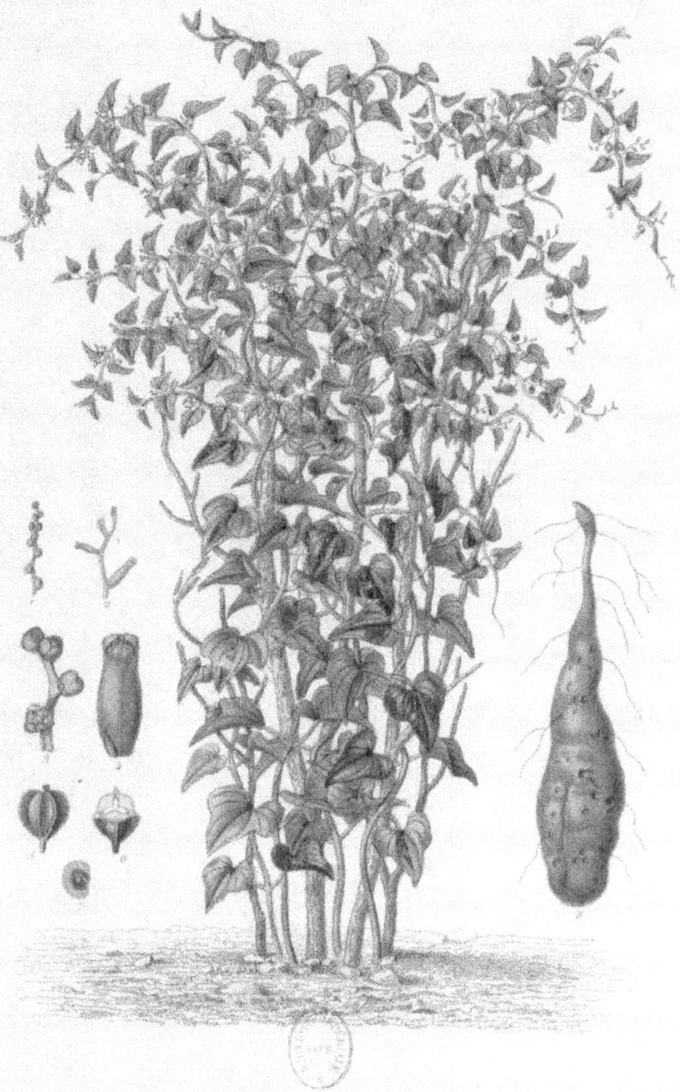

IGNAME DE CHINE.

Dioscorea batatas Decne.

PHORMIUM TENACE

Phormium tenax (Forster)

(LILIACÉES–TULIPACÉES.)

La plante entière, en fleurs, au $^3/_{15}$ de grandeur naturelle.

1. — Fleur, de grandeur naturelle.

2. — Fruit mûr, moitié de grandeur naturelle.

3. — Le même, coupé transversalement.

4. — Graine, de grandeur naturelle.

(Voir page 443.)

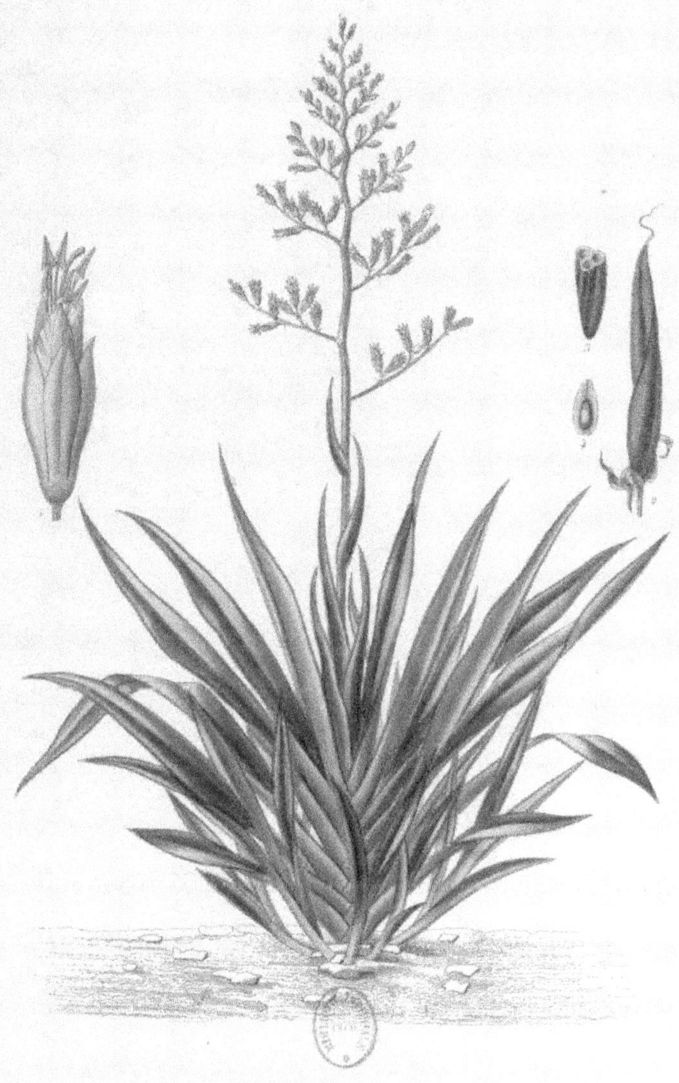

PHORMIUM TENACE.

Phormium tenax. Forst.

BLÉ DE MIRACLE

Triticum turgidum (Linné) *T. compositum* (Linné)

(GRAMINÉES-TRITICÉES.)

La plante entière, en fleurs, au $\frac{1}{4}$ de grandeur naturelle.

1. — Glume, grossie.

2. — Fleur isolée, grossie.

3. — Pistil, grossi.

4. — Caryopses, de grandeur naturelle.

(Voir page 456.)

BLÉ DE MIRACLE.
Triticum turgidum, L.

BROME DE SCHRADER

Bromus Schraderi (Kunth) *Ceratochloa pendula* (Schrader)

(GRAMINÉES-FESTUCÉES.)

La plante entière, au $\frac{1}{8}$ de grandeur naturelle.

1. — Épillet, un peu grossi.

2. — Étamines et pistil, grossis.

3. — Caryopse, grossi.

(Voir page 472.)

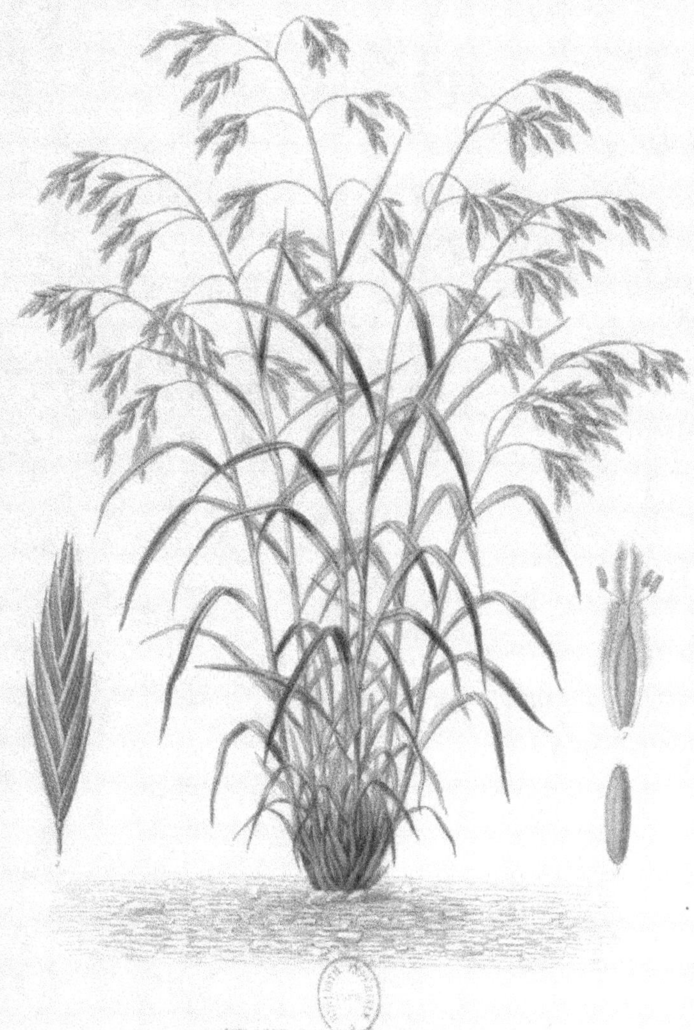

BROME DE SCHRADER.

Bromus Schraderi, Kunth.

MAÏS

Zea mays (Linné)

(GRAMINÉES-PHALARIDÉES.)

La plante entière, en fleurs, au $\frac{1}{10}$ de grandeur naturelle.

1. — Fleur mâle, de grandeur naturelle.

2. — Fleur femelle, jeune, grossie.

3. — La même, plus développée.

4. — Épi mûr, au $\frac{1}{3}$ de grandeur naturelle.

5. — Caryopses, de grandeur naturelle.

Voir page 430.)

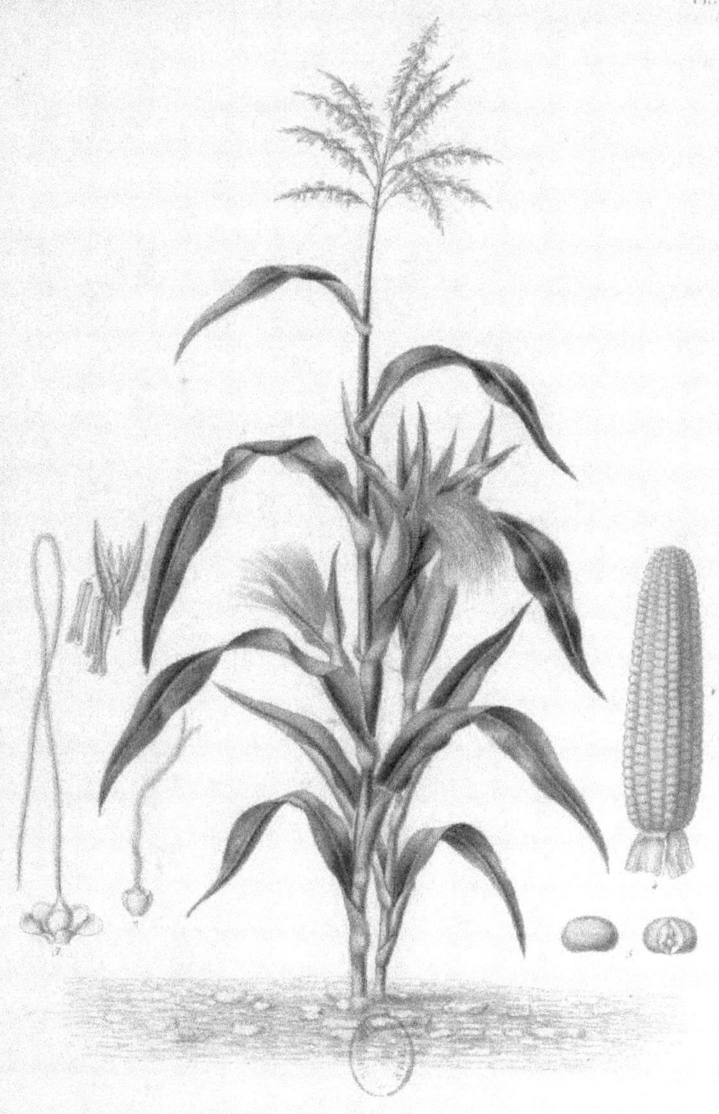

MAÏS.

Zea mays L.

MOHA DE HONGRIE

Panicum Germanicum (Linné)

(GRAMINÉES-PANICÉES.)

La plante entière, au $\frac{1}{4}$ de grandeur naturelle.

1. — Portion d'épi, grossie.

2. — Épillet, vu par la glume supérieure, grossi.

3. — Glume inférieure, grossie.

4. — Glumelle d'une fleur stérile, vue en dedans, grossie.

5. — Glumelle d'une fleur fertile, vue en dedans, grossie.

6. — Caryopse, grossi.

(Voir page 495.)

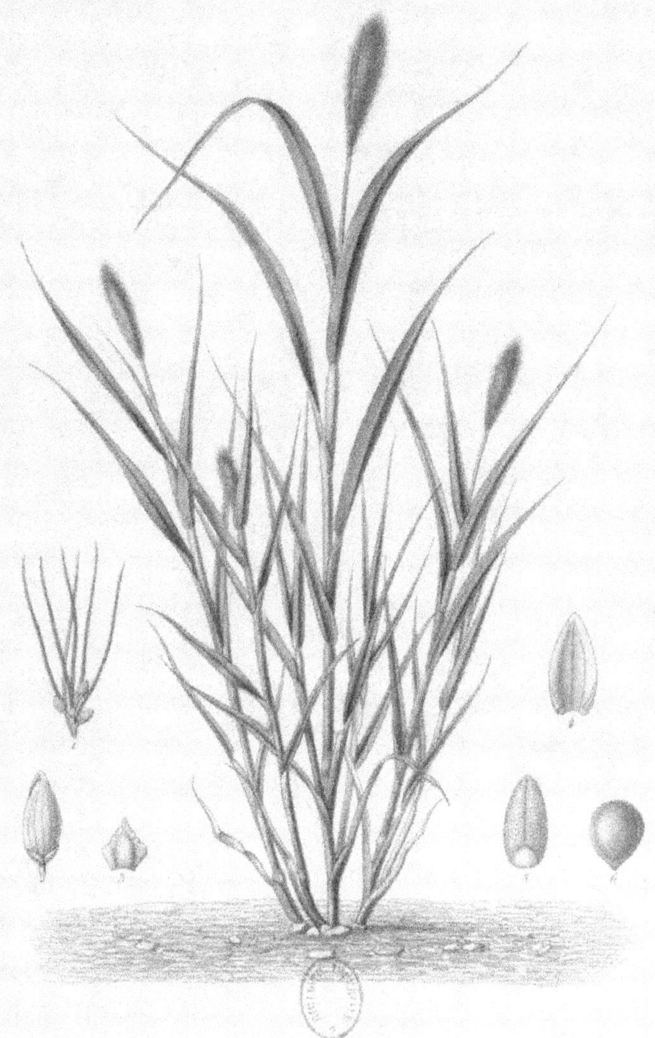

MOHA DE HONGRIE.

Panicum Germanicum, L.

SORGHO A SUCRE

Sorghum saccharatum (Persoon) *Holcus saccharatus* (Linné)

(GRAMINÉES-PANICÉES.)

La plante entière, en fleurs, au $^1/_{16}$ de grandeur naturelle.

1. — Fleur hermaphrodite, grossie.

2. — La même, dépouillée de sa glume.

3. — Glume de la fleur stérile, grossie.

4. — Caryopse, très-grossi.

(Voir page 498.)

SORGHO À SUCRE.
Sorghum saccharatum L.

DATTIER

Phœnix dactylifera (Linné)

(PALMIERS.)

L'arbre entier, en fruits, au $^1/_{40}$ de grandeur naturelle.

1. — Fleurs mâles, de grandeur naturelle.

2. — Fleurs femelles, de grandeur naturelle.

3. — Fruit mûr, aux $^2/_3$ de grandeur naturelle.

4 et 5. — Graines, de grandeur naturelle.

(Voir page 504).

DATTIER.

Phœnix dactylifera. L.

PTERIDE AQUILINE

Pteris aquilina (Linné)

(FOUGÈRES).

La plante entière, au $^1/_8$ de grandeur naturelle.

1. — Segment de fronde, grossi.

2. — Sporange, grossie.

3. — La même, ouverte.

4. — Spores, grossies.

(Voir page 517.)

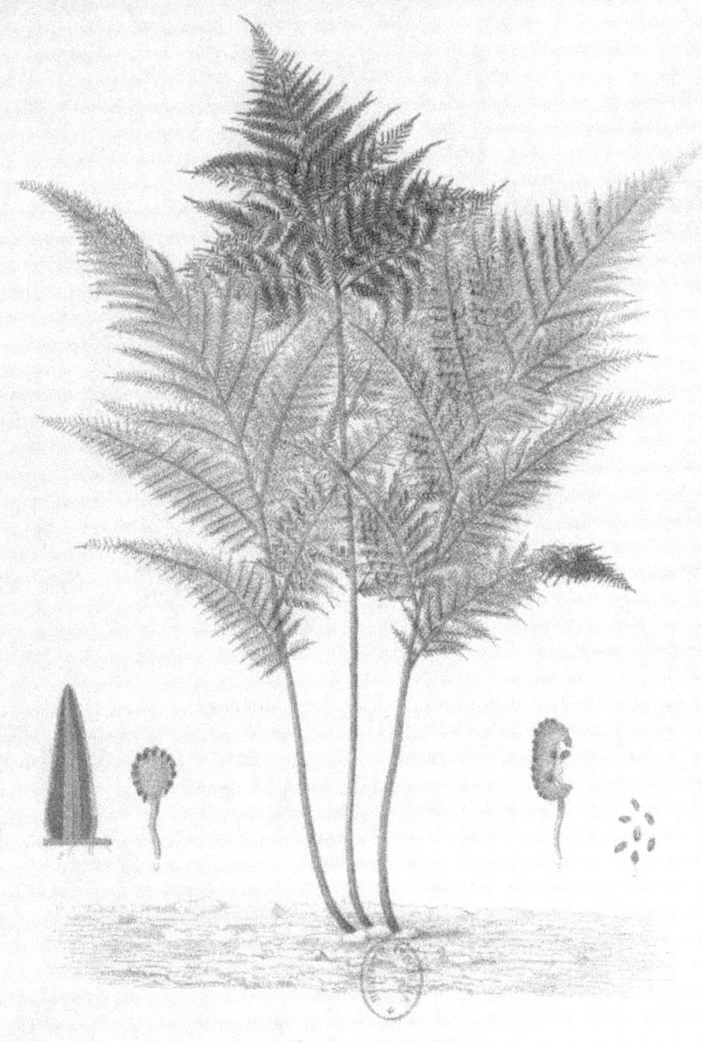

PTÉRIDE AQUILINE.
Pteris aquilina, L.

TABLE

DES PLANCHES ET FIGURES CONTENUES DANS L'ATLAS

DE LA FLORE AGRICOLE ET FORESTIÈRE

Paris. — Imprimerie de P.-A. Bourdier et Cie, 6, rue des Poitevins.

9 782329 263854